AF461462

LES

MINES DE HOUILLE

D'ANICHE

EXEMPLE DES PROGRÈS RÉALISÉS DANS LES HOUILLÈRES DU NORD DE LA FRANCE PENDANT UN SIÈCLE

PAR

E. VUILLEMIN

INGÉNIEUR, ADMINISTRATEUR DE LA COMPAGNIE D'ANICHE

PLANCHES

PARIS

DUNOD, ÉDITEUR

LIBRAIRE DES CORPS DES PONTS ET CHAUSSÉES, DES MINES ET DES TÉLÉGRAPHES

49, QUAI DES GRANDS-AUGUSTINS, 49

1878

Pl. I.

np. Fraillery

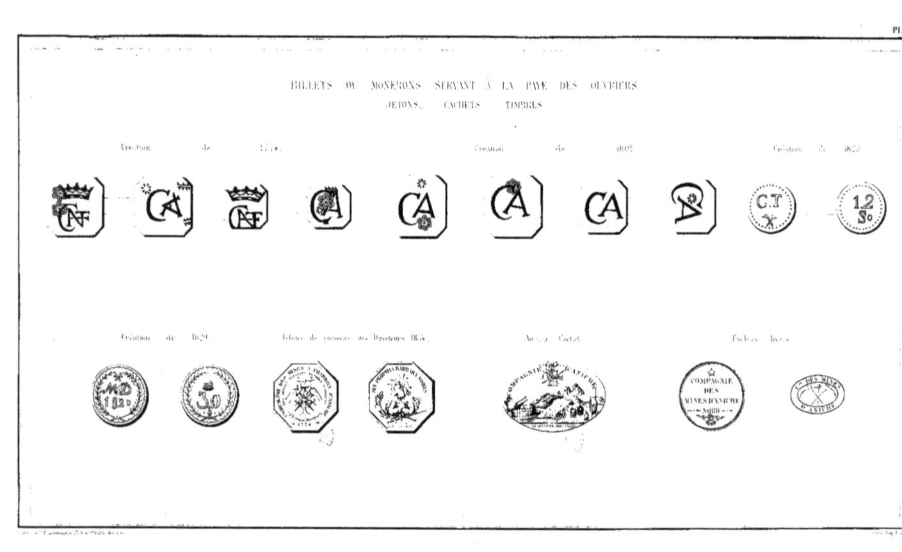
Pl. I.
BILLETS OU MONERONS SERVANT À LA PAYE DES OUVRIERS
JETONS, CACHETS, TIMBRES
C.T
12 So
30
COMPAGNIE DES MINES D'ANICHE NORD
COMPAGNIE D'ANICHE

II

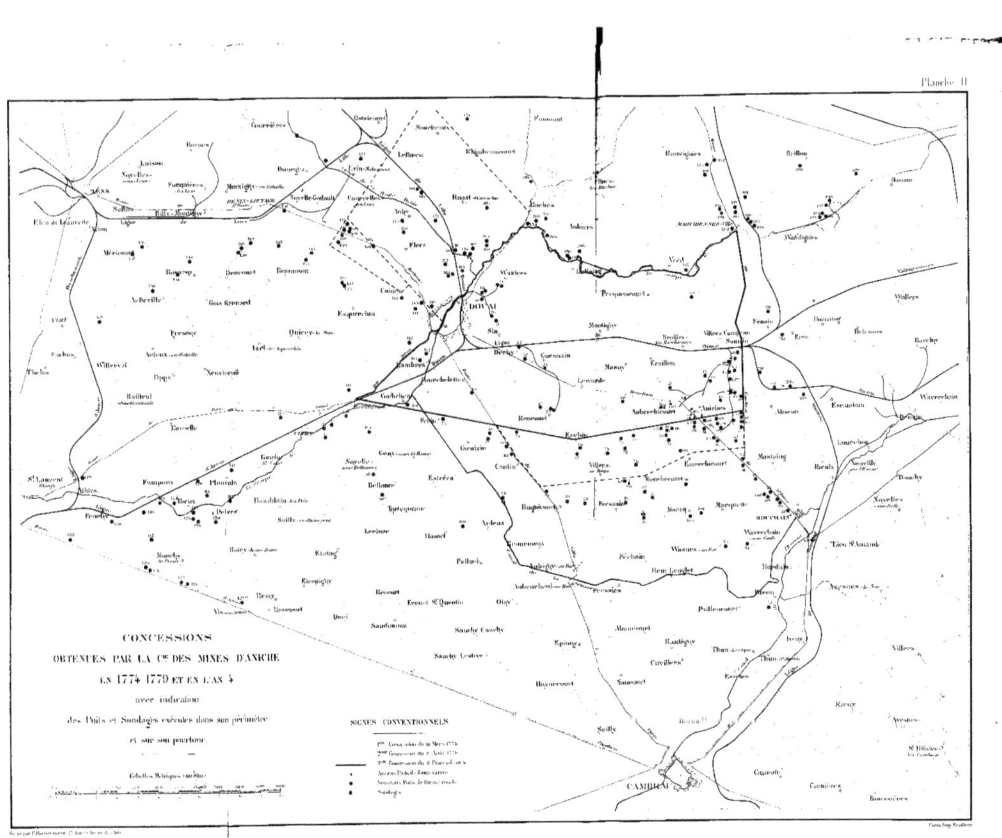
CONCESSIONS
OBTENUES PAR LA Cie DES MINES D'ANICHE
EN 1774 1779 ET EN L'AN 4
avec indication
des Puits et Sondages exécutés dans son périmètre
et sur son pourtour.
SIGNES CONVENTIONNELS
DOUAI
CAMBRAI
BOUCHAIN
Courrières
Flers
Waziers
Lambres
Aubigny
Marchiennes
Lieu St Amand
Recourt
Ecourt St Quentin
Saudemont
Sauchy Cauchy
Sauchy Lestrée
Remy
Etaing
Eterpigny
Hamel
Palluel
Arleux
Bugnicourt
Fressain
Féchain
Hem Lenglet
Marquette
Wasnes au Bac
Villers Campeau
Somain
Erre
Wallers
Haveluy
Wavrechain
Denain
Rœulx
Neuville
Douchy
Iwuy
Thun
Cuvillers
Ramillies
Epinoy
Haynecourt
Sancourt
Sailly
Avesnes
Rieux
Villers
Bouchain
Paillencourt
Abancourt
Oisy
Aubencheul au Bac
Gouy
Estrées
Lécluse
Tortequenne
Hamblain les Prés
Sailly
Plouvain
Pelves
Fampoux
Roeux
Athies
Feuchy
Monchy le Preux
Boiry
Vitry
Brebières
Corbehem
Cuincy
Esquerchin
Quiery la Motte
Izel
Neuvireuil
Oppy
Arleux en Gohelle
Fresnoy
Bailleul
Gavrelle
Willerval
Farbus
Thélus
Roclincourt
Acheville
Méricourt
Rouvroy
Drocourt
Beaumont
Bois Bernard
Noyelles Godault
Courcelles
Dourges
Montigny
Billy Montigny
Sallau
Lens
Liévin
Loison
Noyelles
Fouquières
Harnes
Evin
Leforest
Ostricourt
Moncheaux
Raimbeaucourt
Roost Warendin
Auby
Anhiers
Râches
Lallaing
Fenain
Aniche
Auberchicourt
Emerchicourt
Abscon
Escaudain
Erchin
Masny
Lewarde
Guesnain
Dechy
Sin
Courchelettes
Gœulzin
Cantin
Roucourt
Villers au Tertre
Monchecourt
Marcq
Mastaing
Erre
Hornaing
Wandignies
Brillon
Vred
Pecquencourt
Montigny
Bruille
Cauroir
Cagnicourt
Vis en Artois
St Laurent
Tilloy
Gommegnies

III

Fraillery

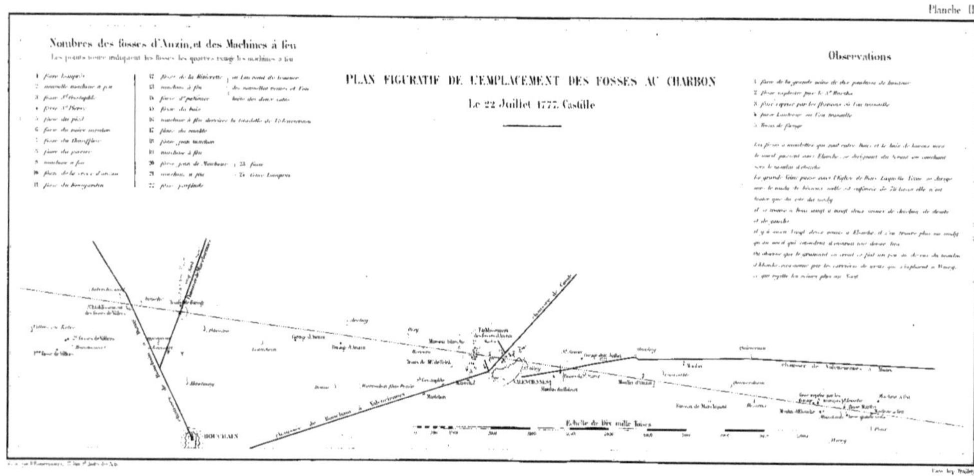
Nombres des fosses d'Anzin, et des Machines à feu
PLAN FIGURATIF DE L'EMPLACEMENT DES FOSSES AU CHARBON
Le 22 Juillet 1777. Castille
Observations
VALENCIENNES
BOUCHAIN
Echelle de Dix mille Toises

MACHINES D'EPUISE[illegible]

successivement employées dans les [illegible]

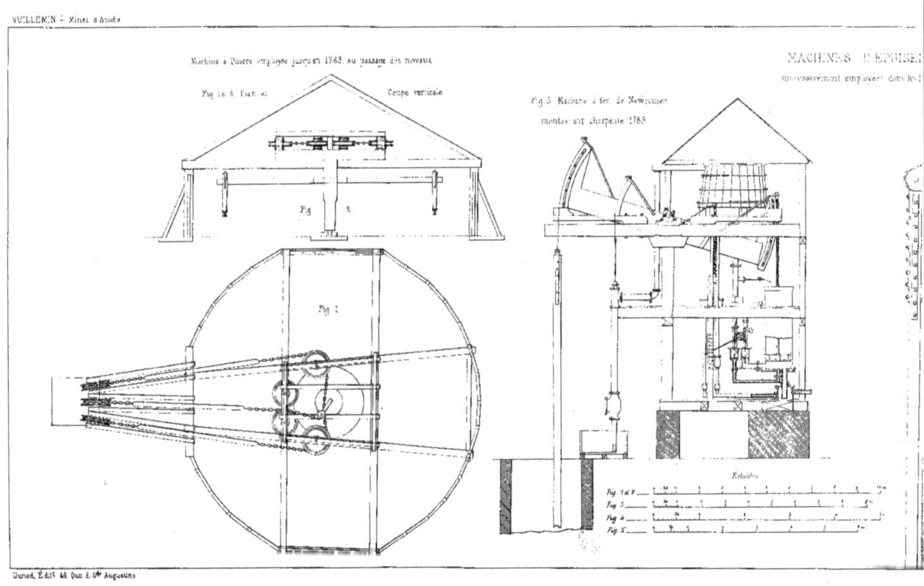

Dunod, Édit. 49, Quai d. Gds Augustins

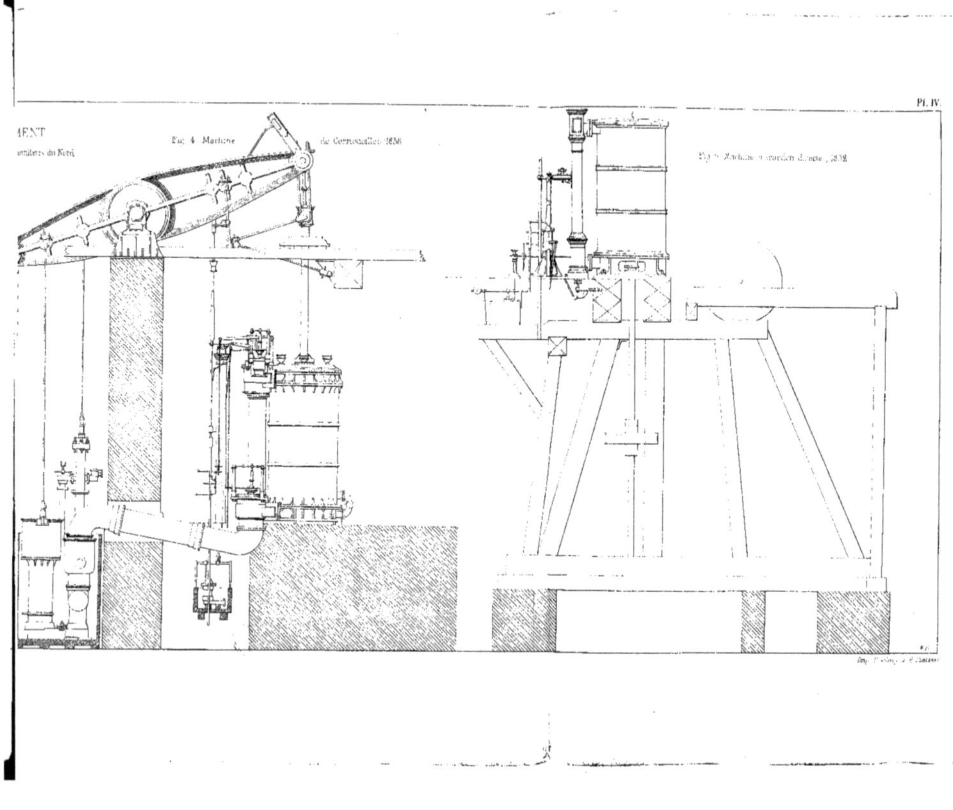
Pl. IV.
Fig. 4. Machine
de Cornouailles

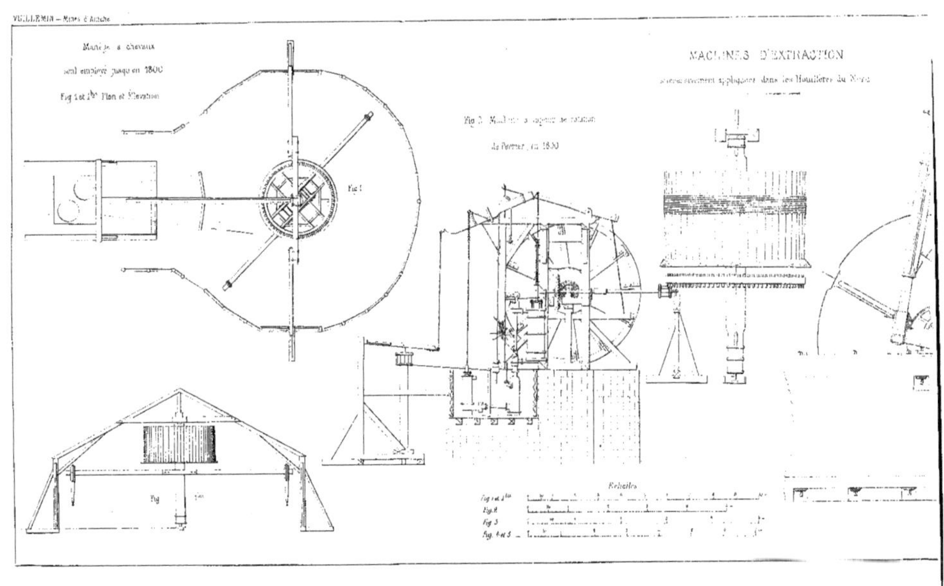
VUILLEMIN — Mines d'Aniche
Manège à chevaux
seul employé jusqu'en 1800
Fig 1 et 1bis Plan et Élévation
Fig 1
MACHINES D'EXTRACTION
Echelles

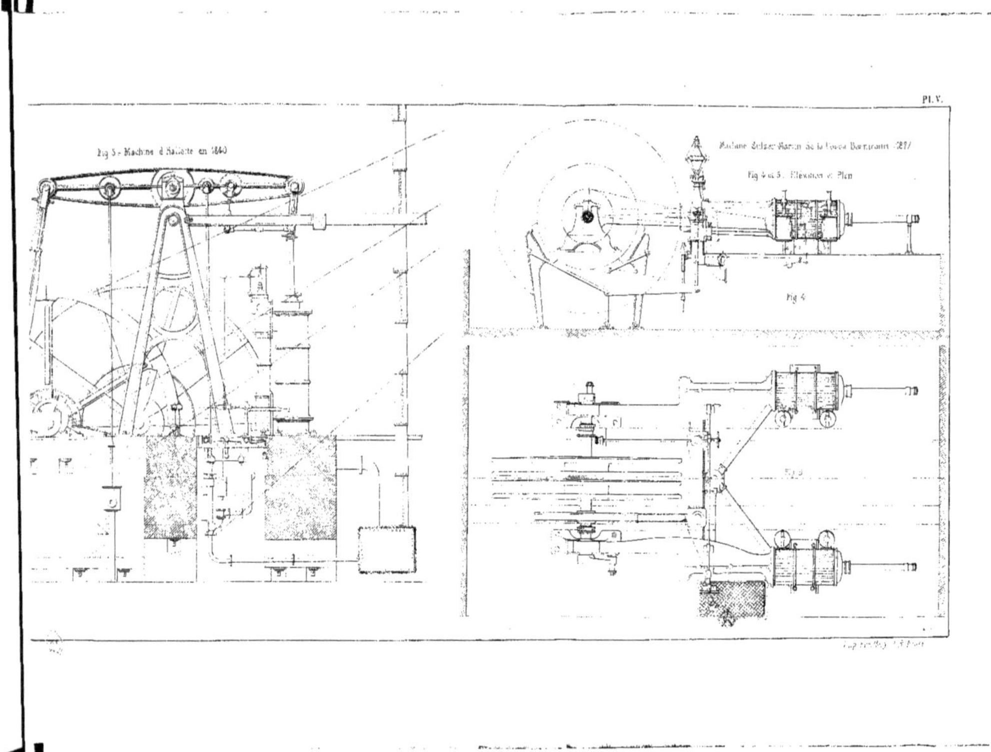
Pl. V.
Fig 3 - Machine d'Hallette en 1840
Fig 4 et 5 . Élévation et Plan
Fig 4

Planche VI

Fossea à Charbon de M. le Marquis de Traisnel.

N°. 287.

Action d'un denier sans faire fonds dans les vingt cinq sols d'intérêts de l'entreprise des fosses à Charbon, de la Compagnie d'Aniche.

Action au Porteur d'un dénier dans trente deniers d'intérêts, sans faire fonds, dans les vingt-cinq Sols d'intérêts qui composent le fond de la dite Compagnie, et ce conformément à l'acte de Société du 11. Novembre 1773, auquel les Actionnaires se soumettent, et à tous les reglemens y portés; Et avant de pouvoir vendre ou céder la présente Action, il sera tenu de la présenter à la Compagnie, pour user de son droit de retrait, si elle le juge à propos.

Fait à l'Assemblée desdites Fosses tenue à Aniche le 22 May 1781

Certifié par Nous les Directeurs soussignés

[illegible] De Vaurechin

Dehault

Fosses à charbon de M^r. Le Marquis de Traisnel;

N°. 60.

Action d'un Denier dans vingt cinq sols d'interêt

Nous soussignés Directeurs associés de la Compagnie des fosses à Charbon de M^r. Le Marquis de Traisnel, reconnoissons que M^{rs}. Les heritiers de feu M^r. [illegible] est proprietaire d'un dénier d'interêt dans l'entreprise des dittes fosses et, qu'en consequence, il participera dans la proportion dudit dénier aux bénéfices et aux pertes de lad. Compagnie, à condition qu'il sera soumis aux emprunts et aux mises faites et à faire, et qui ont été ou seront cy après déliberés, à charge, en outre de ne pouvoir vendre alliéner, ni ceder la présente action sans l'agrement de la Compagnie, laquelle en conformité de son acte de société, sera libre de retraire ladite action à son profit, en cas de vente ou de transport. Le nouveau propriétaire devra se présenter dans l'année pour obtenir une nouvelle réconnoissance sous son nom, après avoir donné, ou hypoteque, ou caution à l'appaisement des Directeurs associés, pour la surète des emprunts faits et à faire; fait à l'assemblée desd. Fosses, à Aniche

Le 13 mars 1781

[illegible] De Vaurechin Dehault

VII

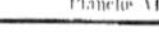
Planche VII

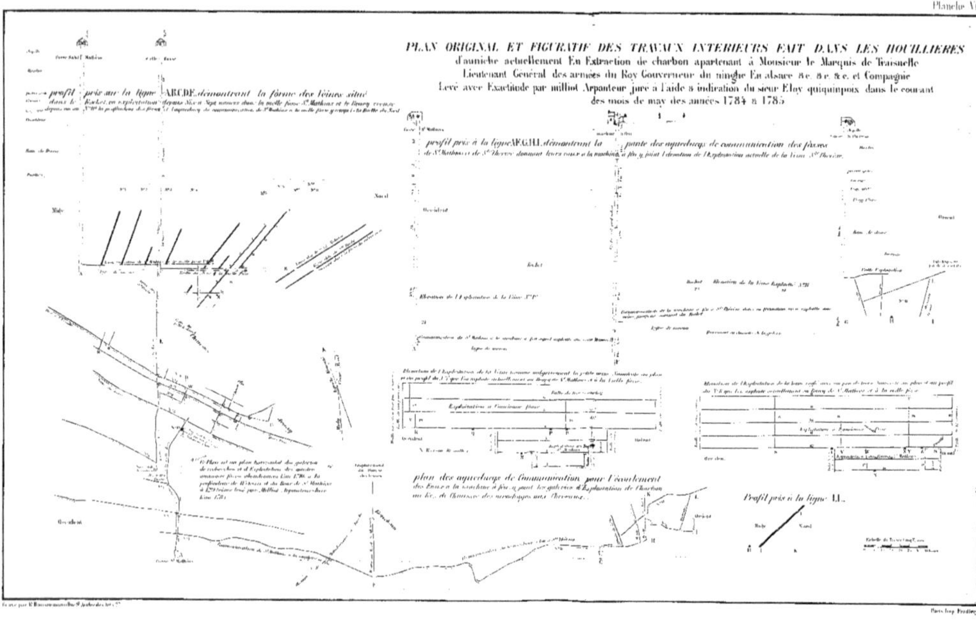
PLAN ORIGINAL ET FIGURATIF DES TRAVAUX INTERIEURS FAIT DANS LES HOUILLIERES
d'auniche actuellement En Extraction de charbon apartenant à Monsieur le Marquis de Traisnelle
Lieutenant Général des armées du Roy Gouverneur du ninghe En alsace &c. &c. &c. et Compagnie
Levé avec Exactitude par milliot Arpanteur juré à l'aide & indication du sieur Eloy quiquinpoix dans le courant
des mois de may des années 1784 à 1785
profil pris sur la ligne ABCDE démontrant la forme des Veines situé
profil pris à la ligne AFGHI démontrant la pante des aqueducqs de communication des fosses
plan des aqueducqs de Communication pour l'écoulement
Profil pris à la ligne IL.
Midy
Nord
Occident
Rocher

LÉGENDE

Pour l'Inteligence du Plan (Pl. VII)

Savoir :

A Plan, et élevation de la fosse St Mathias, dont on exploitte les veines numérotés 1, 2 et 3.

B Plan, et élevation de la vielle fosse, on y exploitte les veines numérotés 4, 5, 6, 7, 8 et 9.

C Beurq de St Mathias ayant quinze toises de profondeur, on y exploitte les veines 5, 6, 7 et 8.

D Extremité de la ligne sur laquelle est formé le profil des ouvrages de St Mathias et de la vielle fosse.

E Front de la nouvelle Boëtte du nord, a la vielle fosse.

F Plan, et élevation de la machine à feu, et vue Boëtte au nord de 47 toises de longueur.

G Plan, et élevation, profil, des ouvrages et de la fosse Ste Theresse on exploitte la veine numéroté 11.

H Angle ou commence la Boëtte du nord aux ouvrages de la fosse Sainte Theresse, ou la veine s'est rejetté au nord de sept toises.

I Front de la galerie d'exploitation au niveau de la Boëtte du nord pour la veine n° 11, on y passe une faille.

K Front de la Boëtte du nord aux ouvrages de Ste Therèse.

L Cheminé de communication entre les galeries haute et basse de l'exploittation de la veine n° 11.

M Boëtte du Beurcq de St Mathias, au point qu'elle coupe la veine n° 7.

N *Idem*, au point qu'elle coupe la veine n° 8.

O Petite Boëtte quelle communique les veines n° 7 et 8; dans les ouvrages de la vielle fosse.

p Ancienne Boëtte du nord; a la vielle fosse, actuellement reformé.

q Nouvelle Boëtte du nord a *idem*, actuellement en exploittation.

R Cheminé pour l'exploittation de la veine n° 7.

S Cheminé pour l'exploitation de la veine n° 8.

T Nouvelle Boëtte du nord a la vielle fosse au point quelle coupe la veine n° 8.

V Cheminé pour l'exploitation de la veine n° 8.

qw Cheminé pour l'exploitation de la veine n° 8 au Beurq de St Mathias.

X Ancienne Boëtte du nord, à la vielle fosse, au point quelle coupe la veine n° 8 actuellement reformé.

Y Cheminé pour l'exploitation de la veine n° 8, a la vielle fosse.

Z Meme Boëtte que la lettre **O**.

& Monté pour l'exploittation de la veine n° 8.

N° 1. Veine droitte de cinq paumes exploitté à St Mathias, dix toises en occident et 30 toises en orient, servant de communication à la machine à feu. Son exploitation et de toises d'hauteur.

N° 2. Veine droitte de six paumes a St Mathias, exploitté de 70te en orient, 70te en occident et toises d'hauteur.

N° 3. Veine droitte de cinq paumes à St Mathias, exploitté en occident de 15 toises et toises d'hauteur.

N° 4. Veine droitte de cinq paumes a la vielle fosse, exploitté en occident de 60 toises et toises d'hauteur.

N° 5. Veine platte de six paumes dit la veine du Beurq a la vielle fosse, exploitté en orient de 57 toises, en occident de 40 toises sur toises d'hauteur. La meme au Beurq de St Mathias, exploitté en orient de 6 toises sur 4 toises d'hauteur.

N° 6. Veine platte de quatre paumes à la vielle fosse, exploitté vingt trois toises sur d'hauteur.

N° 7. Veine platte nommé la petite Veine sur trois et six paumes, exploitté telle qu'il ce peut Voir dans l'élévation ici jointe, tant quà la vielle fosse qu'au Beurq de St Mathias.

N° 8. Veine platte de six paumes exploitté a la vielle fosse et au Beurq de St Mathias, telle quil ce voit dans l'élévation cy jointe, donc ou à passé une faille a 12 toises en orient de lancienne Boëtte du nord à la vielle fosse.

N° 9. Veine platte de 7 paumes passé en faille a la nouvelle Boëtte du nord de la vielle fosse, exploitté de dix sept toises a la vielle Boëtte Reformé sur toises d'hauteur.

N° 10. Beurq de St Mathias dans laqueducq de communication de St Mathias à la veine du Beurq de la vielle fosse, donc cette communication est tombé quinze pieds plus haute que la galerie d'exploittation de la ditte veine du Beurq de la fosse avant ditte, cest pour cela qu'il faut tirer les eaux du puisard de la vielle fosse touces aux cheveaux.

N° 11. Veine platte de differente épaisseur parce que le terrein est irrégulier et brouilier telle qu'il ce voit au plan par le serpantage de la galerie d'exploittation de la fosse Ste Theresse à l'ouest.

N° 1. Galerie d'exploittation du foncement au Beurq de St Mathias de la veine n° 7 sur 28 toises de longueur.

N°s 2, 3. Galeries d'exploittation du Beurq, de la veine *idem*, sur 60 : to : de longueur.

N°s 4, 5, 6 et 7. Galeries d'exploittation de la meme veine à la vielle fosse, sur 133 : to : de longueur.

N°s 8, 9, 10, 11 et 12. Galeries d'exploittation de la veine n° 8 a la vielle fosse, sur 134 : toises de longueur.

N°s 13 et 14. Galeries d'exploittation de la veine *idem* au Beurq St Mathias, sur 56 : toises de longueur.

N° 15. Front des tailles de la ditte veine en orient.

N° 16. Cheminées d'exploittation de la ditte veine a la vielle fosse.

N° 17. Cheminées d'exploittation de la meme veine, au Beurq ; les ouvriez passe par cette cheminée pour aller de St Mathias a la vielle fosse.

N° 18. Meme exploittation pour le charbon.

N° 19. Cheminée d'exploittation de la veine n° 7 a la vielle fosse.

N° 20. Cheminée d'exploittation de la veine n° 11 à Ste Theresse.

N° 21. Cheminée d'exploittation de la veine n° 1 a St Mathias.

L'on observera que dans l'élevations des veines ainsy que dans les profils, la couleur noir indique le charbon exploitté.

Planche VIII

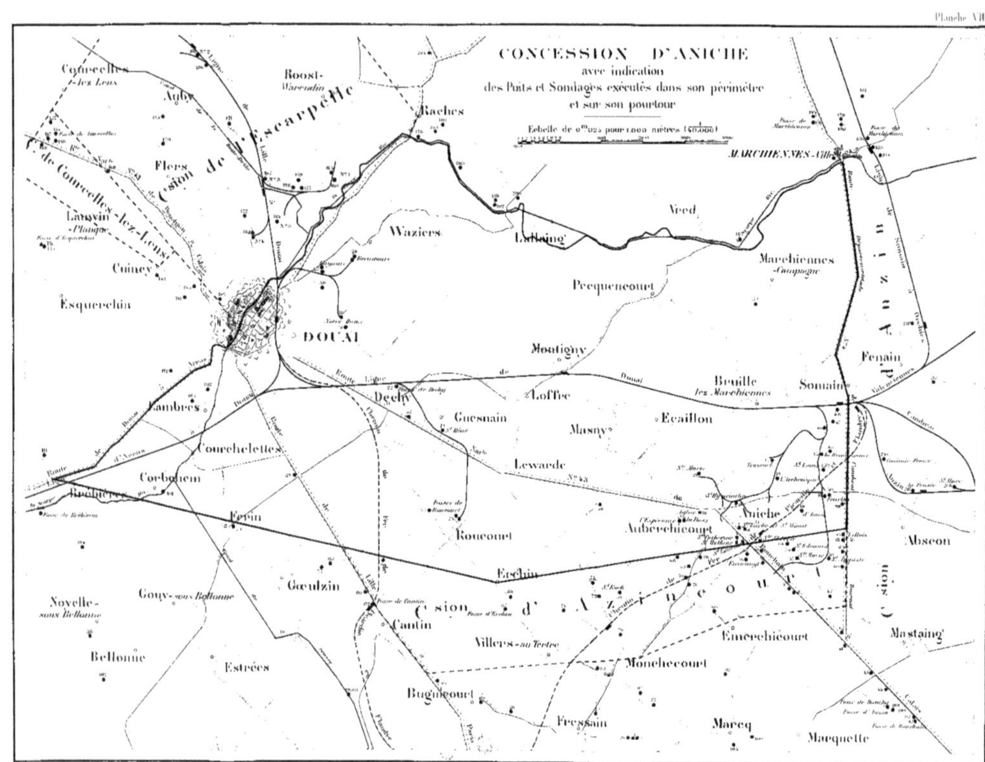

IX

Planche IX

GISEMENTS
EXPLOITÉS DANS LA CONCESSION
D'ANICHE
Cie de l'Escarpelle
Cion d'Anzin
Cion d'Azincourt
Auby
Roost-Warendin
Raches
Flers
Lallaing
Vred
MARCHIENNES-Ville
Waziers
Rieulay
Cuincy
Pecquencourt
DOUAI
Fenain
Montigny
Erre
Sin-le-Noble
Breuille-les-Marchiennes
Somain
Loffre
Ecaillon
Lambres
Dechy
Guesnain
Masny
Courchelettes
Lewarde
Corbehem
Auberchicourt
Aniche
Abscon
Roucourt
Ferin
Erchin
Gœulzin
Emerchicourt
Gouy-sous-Bellonne
Mastaing
Cantin
Villers-au-Tertre
Monchecourt
Bellonne
Estrées
Bugnicourt
Fressain
Marcq
Marquette
T.D. Terrain dévonien
T.H. Terrain houiller

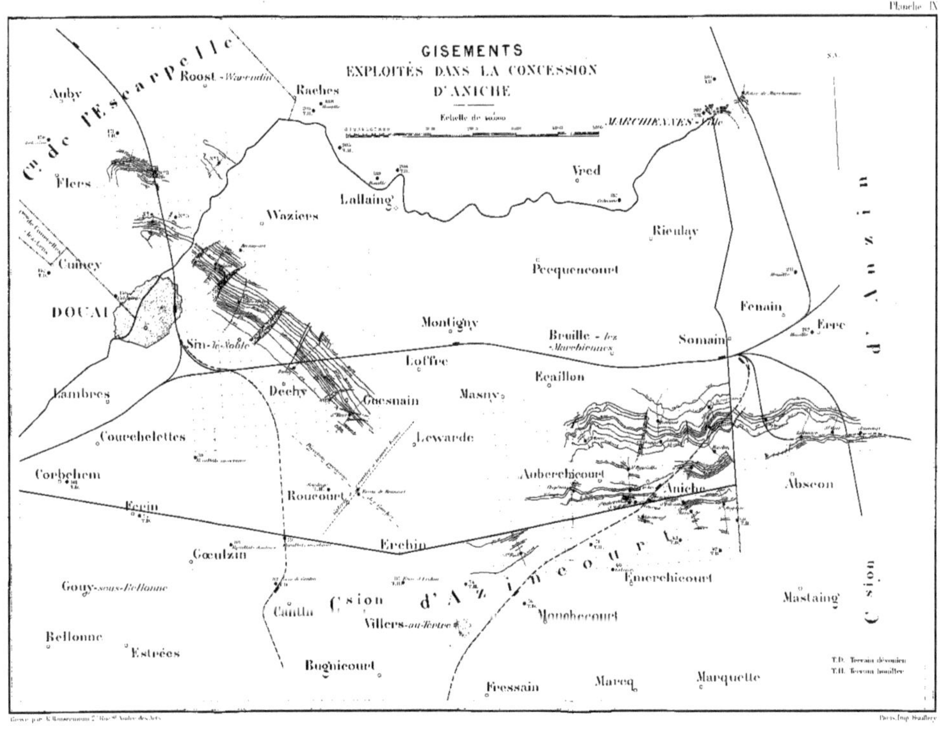

Pl. X.

5 R. Fontaines

Pl. X.

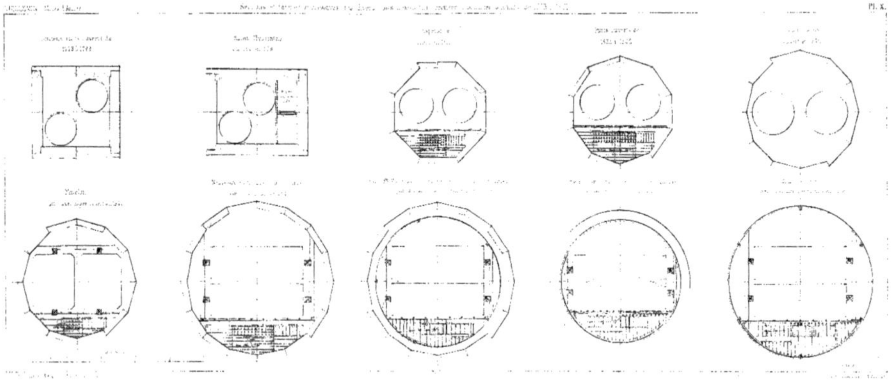

PERCEMENT DE LA FOSSE GAYANT

Dunod, Édit.r 49 Q. d. G.ds Augustins Paris

Imp. Fraillery 3 R. Fontanes Paris

Pl. XII.

mes. Bern

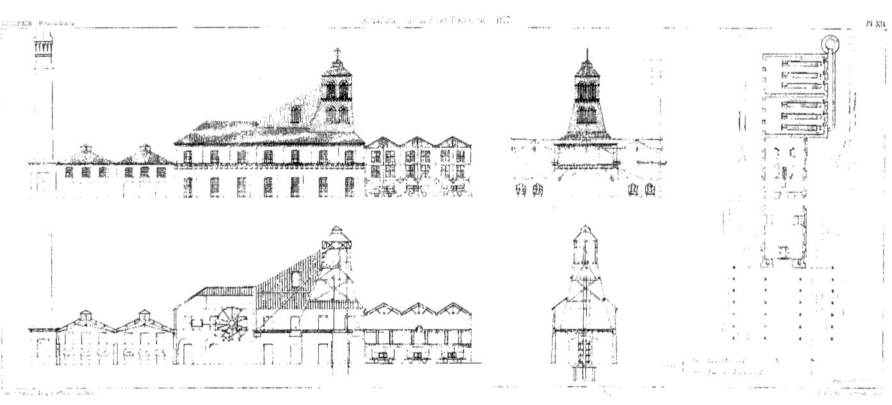

XIII.

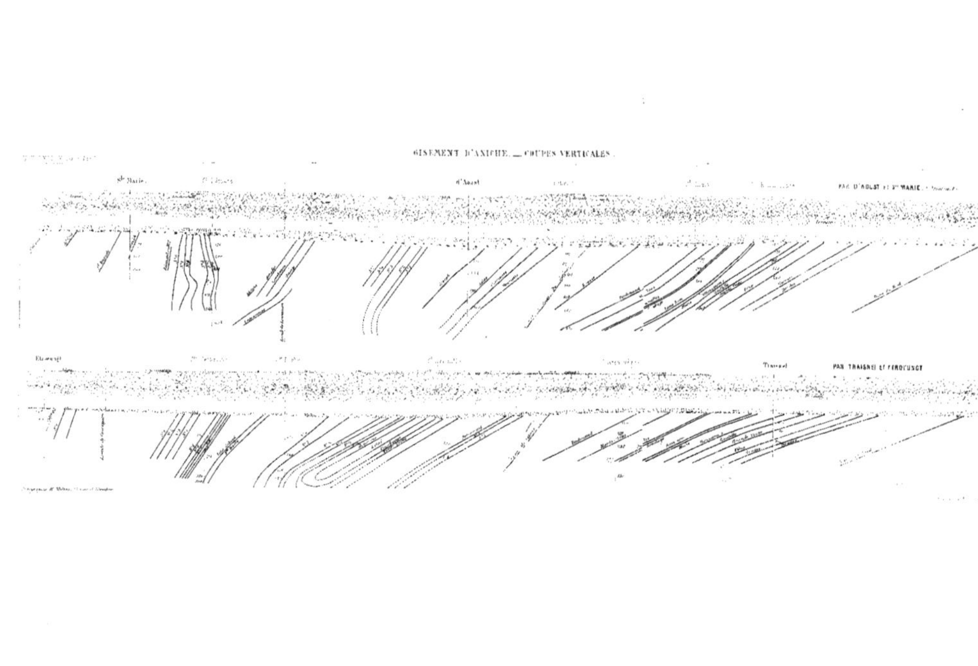
GISEMENT D'ANICHE. — COUPES VERTICALES.
Pl. XIII.
Ste Marie.
d'Aoust
PAR D'AOUST ET Ste MARIE.
Traisnel
PAR TRAISNEL ET FERDUNCT

PL. XIV.

GISEMENT DE DOUAI. COUPES VERTICALES.

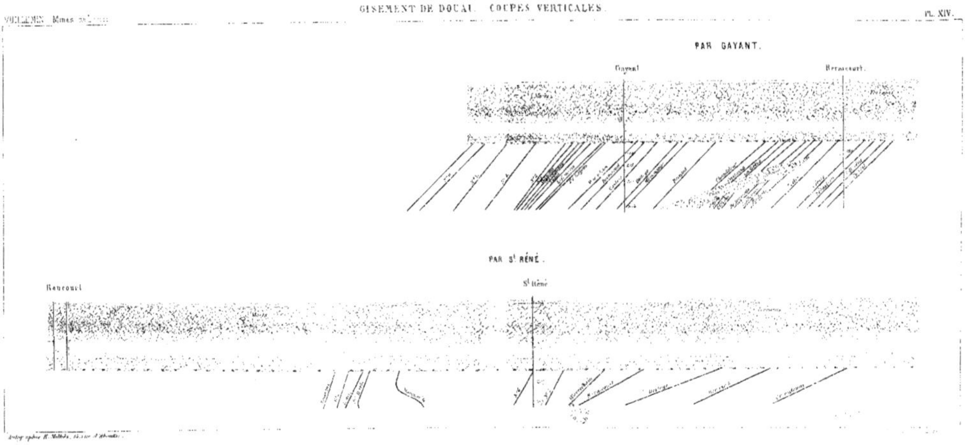

PL. XIV.

PAR GAYANT.

Gayant

Brebières

PAR St RÉNÉ.

Rancourt

St René

1

TRACÉ GRAPHIQUE

de la production des Mines d'Aniche,

depuis 1840.

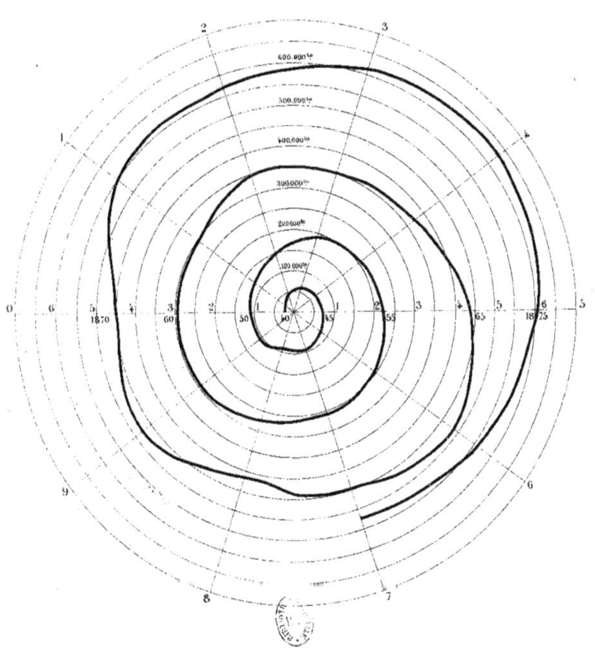

N. B. *Cette courbe a été construite en coordonnées polaires en prenant des angles proportionnels au temps et des lignes proportionnelles à la production.*

Gravé par R. Hausermann. Imp. Fraillery.

DUNOD, Éditeur-Libraire des Corps nationaux des Ponts et Chaussées, des Mines et des Télégraphes, quai des Grands-Augustins, 49, Paris

1879 -- AGENDAS DUNOD A 1 FR. 50 -- 1879

N° 1. Construction
BATIMENT, PONTS ET CHAUSSÉES

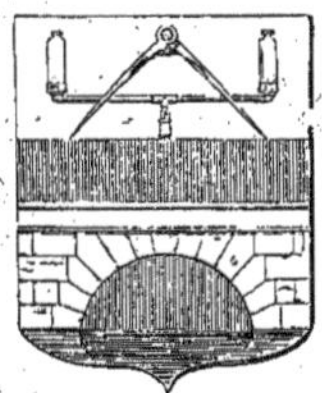

A l'usage des Ingénieurs, Architectes, Agents voyers, Conducteurs et Entrepreneurs de travaux publics.

N° 3. Arts et Manufactures
MÉCANIQUE.

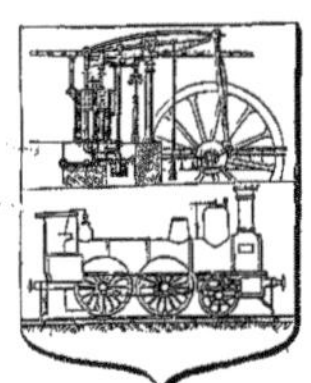

A l'usage des Mécaniciens, des Constructeurs et Conducteurs de locomotives, Directeurs d'ateliers de constructions agricoles et navales, Contre-maîtres, etc.

N° 4. Arts et Manufactures
CHIMIE.

A l'usage des Professeurs, Industriels, Pharmaciens, Fabricants de produits chimiques, Contre-maîtres, etc.

N° 2. Mines et Métallurgie
EXPLOITATION — FONDERIE

A l'usage des Ingénieurs et Directeurs des mines et usines métallurgiques, des Garde-Mines, Maîtres Mineurs, Fondeurs, etc.

N° 5.
Télégraphes, postes et transports

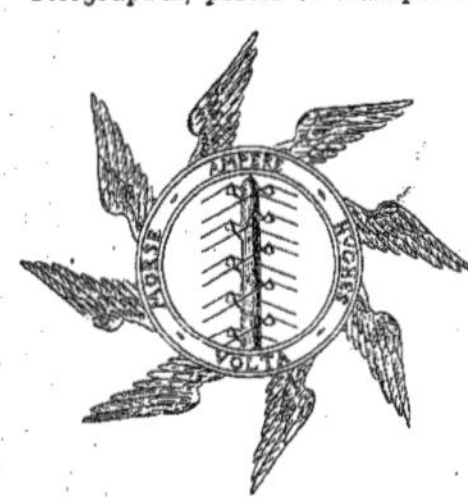

A l'usage des Télégraphistes, — Électriciens, — Professeurs, — Employés des postes et des chemins de fer, — Expéditeurs, — Entrepreneurs de transports, etc.

REVUE GÉNÉRALE
DES
CHEMINS DE FER
MÉMOIRES ET DOCUMENTS
CONCERNANT
L'ÉTABLISSEMENT, LA CONSTRUCTION
ET
L'EXPLOITATION TECHNIQUE ET COMMERCIALE
DES VOIES FERRÉES
PUBLIÉS
sous le patronage et avec la collaboration de
MM. BANDERALI, HEURTEAU, LEVEL, MATHIEU (Henri)
MORANDIÈRE (Jules), REGRAY et SARTIAUX

La publication de la Revue a lieu tous les mois par livraisons de 32 à 48 pages in-8° colombier, avec vignettes intercalées ou planches séparées.

Prix de l'abonnement à la 1/2 année 1878, juillet à décembre, pour toute la France, 12 fr. 50; pour l'étranger, 14 fr.
Prix de l'abonnement annuel, janvier à décembre, pour toute la France, 25 fr.; pour l'étranger, 28 fr.

N° 6.
Chemins de fer

A l'usage des Ingénieurs, — Mécaniciens, — Chefs de gares et tous les Agents de la construction, de l'entretien, de la traction et de l'exploitation des chemins de fer.

En vente : VOIE — MATÉRIEL ROULANT, EXPLOITATION TECHNIQUE DES CHEMINS DE FER et Appendice sur les Travaux d'art
par M. CH. COUCHE, Inspecteur général des mines.

Tome I. — **VOIE, MATÉRIEL FIXE.** In-8° et Atlas de 35 planches. . . . . **35** francs.
Tome II. — **MATÉRIEL DE TRANSPORT, TRACTION** In-8° et Atlas de 109 planches. . . . . **85** francs.
Tome III. — **MÉCANISME, PUISSANCE ET EFFET UTILE DE LA LOCOMOTIVE.** — Supplément. In-8° et Atlas de 21 planches. . . . . **50** francs.
Tome IV. — **APPENDICE SUR LES TRAVAUX D'ART** (*sous presse*).

En prenant ensemble les trois tomes parus, le prix de **170** fr. est réduit à **155**, payables : **55** francs comptant et le reste en deux échéances de **50** francs, à trois mois et six mois.

ANNALES DES PONTS ET CHAUSSÉES
Une livraison tous les mois. — Prix : **20** fr. par année
En vente : les années 1811 à 1876, **720** fr.

ANNALES TÉLÉGRAPHIQUES
Une livraison tous les deux mois. Prix : **12** fr. par année
En vente : 1858-1865. **113** fr.; et 1874-76, **30** fr **50**
Le tout, **143** fr. **50**

ANNALES DES MINES
Une livraison tous les deux mois. — Prix : **20** fr. par année
En vente : les années 1862 à 1876, **300** fr.

NOUVELLES ANNALES DE LA CONSTRUCTION
TRAVAUX PUBLICS ET PARTICULIERS
Journal mensuel avec planches, paraissant depuis 1865
Prix de l'année, en feuilles (depuis 1866). . **15** fr.
— reliée. . . . . **16** fr. **50**
Le tout (1855 à 1878), en feuilles, **315** fr.; cart., **346** fr. **50**

BULLETIN DE L'INDUSTRIE MINÉRALE
Une livraison tous les trois mois
Prix. . . . . . . **25** fr. par année
En vente : Les tomes I à IV, XII à XIV, 1re série et les t. I à IV de la 2e série

PORTEFEUILLE ÉCONOMIQUE DES MACHINES
DE L'OUTILLAGE ET DU MATÉRIEL
Journal mensuel avec planches, paraissant depuis 1856.
Prix de l'année, en feuilles (depuis 1856). . **15** fr.
— reliée. . . . . **16** fr. **50**
Le tout (1856 à 1875), en feuilles, **300** fr., cart., **330** fr.

Typographie Lahure, rue de Fleurus, 9, à Paris.

www.ingramcontent.com/pod-product-compliance
Ingram Content Group UK Ltd.
Pitfield, Milton Keynes, MK11 3LW, UK
UKHW020446180726
13839UKWH00004B/1649

9 782329 608143